《工程岩土》实训指导书

孙　熠　主　编
邓宏科　黄　宁　副主编
吉　锋　主　审

U0294135

人民交通出版社
北京

实验室管理制度

1. 学生必须在规定的时间内进入实验室。按指定小组到位,听教师讲解实验要求和操作注意事项。

2. 实验开始前,检查设备仪器是否完好,工具是否齐全,材料器材是否符合要求,若完好无损,请签字认可;若有问题应立即报告实验教师,由实验教师作好登记。

3. 实验过程中应严格遵守操作规程。实验时,不做与本实验无关的事。如遇仪器设备发生故障,应及时报告实验教师,不得自行拆卸;若因违规操作造成设备损坏,按设备价格的 2～3 倍赔偿。

4. 实验结束后,必须切断电源、水源,清点仪器和设备,完成实验报告,并由各班劳动委员安排同学打扫卫生,经指导教师检查同意后方可离开。

实验室安全管理制度

1. 学生进入实验室必须服从指导教师安排，未经许可不得擅自动用任何仪器设备，以免造成安全事故。

2. 学生应严格按照设备操作规程和指导教师要求进行操作，启动仪器设备若发现有故障应立即切断电源，并及时报告指导教师。

3. 实验过程中，若出现设备运行声音异常或电器发热等异常情况时，应立即切断电源，停止试验操作，报告指导教师检查和处理。

4. 使用化学药品时，须严格按使用说明书操作。

5. 严禁违规操作，由此造成的仪器设备损伤视情况轻重给予处罚。

6. 实验完成后，每个实验小组学生必须切断电源，将实验后的废料、废件、废液放至指定地方处理，并将仪器清洗干净、摆放整齐。

7. 实验期间，学生、教师不得离开岗位，实验完成后，指导教师应检查设备电源及电源总闸等是否切断，确认关好门窗后方可离开。

目·录
CONTENTS

造岩矿物肉眼鉴定

一、目的要求

通过本次任务训练,要求同学们学会使用一些简单的工具来确定矿物的物理性质(光学性质和力学性质及其他特性),最后达到能够用肉眼鉴别主要造岩矿物的目的。正确鉴定造岩矿物可为下一步鉴定三大类岩石打下基础。

二、内容和方法

(1)掌握主要造岩矿物的鉴定特征。一种矿物与其他矿物相比较,该矿物所特有的某些物理性质称为它的鉴定特征。例如,白云母的弹性,绿泥石的挠性,自然金的延展性,磁铁矿的磁性,滑石的滑感,岩盐的咸味,重晶石的大比重,硫黄的臭味,方解石、白云石与冷稀盐酸发生化学反应而产生气泡等。

(2)使用简单的工具,如瓷板、放大镜等认识矿物的光学性质,如颜色、光泽、透明度、条痕。使用小刀、指甲判断矿物的力学性质如硬度、解理与断口。使用稀盐酸判断矿物与稀盐酸、镁试剂的反应特征等。

三、实训步骤

1.辨别矿物,描述特征

一块矿物标本往往由几种矿物共生在一起,从中可辨矿物的形态和物理性质,边看边记录,描述其特征。

对于单体矿物,描述其形态、晶面条纹等。

对于集合体的描述可从以下三方面进行:

(1)观察矿物的光学性质:先描述其颜色(用类比法或二名法)。若为深色矿物(深绿色、黑色等),先用矿物在白瓷板背面刻划,观察其条痕颜色,后选择矿物的新鲜面,仔细观察并描述矿物的光泽和透明度。

(2)描述矿物的力学性质:解理与断口;硬度,可用指甲和小刀分别刻划矿物,以判断矿物硬度的高低,也可通过摩氏硬度计中已知硬度的矿物和要鉴定的矿物相互刻画来判断。

（3）描述矿物的其他特征：有些矿物，如碳酸盐类矿物（方解石、白云石），需要用简易化学方法来判定，如观察其与稀盐酸的反应。

2. 找个性

对矿物进行类比，找出对比矿物的各项特征，即从共性中求得个性，并从本质上（成分、结构、成因条件等）寻求其个性根源，以便在理解的基础上记忆，同时注意矿物的共生组合关系。

注意区别：黄铁矿与黄铜矿，方解石与白云石，辉石与角闪石，正长石与斜长石，石膏与高岭石。

四、任务要求

要求学生在实训室分小组完成。按照标本盒里给定的矿物进行小组讨论和鉴定，依次完成 21 种常见造岩矿物的实物认知，光学性质和力学性质鉴定，并区分比较容易混淆的矿物。最终完成并提交 21 种常见造岩矿物的肉眼鉴定记录表（表 1-1）。

常见造岩矿物肉眼鉴定记录表　　　　　　表 1-1

标本序号	矿物名称	矿物光学性质				矿物力学性质	
		颜色	光泽	条痕	透明度	硬度	解理与断口
1							
2							
3							
4							
5							
6							
7							
8							
9							
10							
11							
12							
13							
14							
15							
16							
17							
18							
19							
20							
21							

岩浆岩肉眼鉴定

一、目的要求

通过对标本的肉眼鉴定方法,根据岩石的矿物成分、结构和构造来识别主要的岩浆岩,掌握岩浆岩的鉴定特征。

二、内容和方法

1.鉴定岩浆岩中的各种矿物成分

岩浆岩中的矿物成分反映了其化学性质,其中二氧化硅的含量具有决定性的作用。当二氧化硅的含量大于65%(过饱和)时,为酸性岩浆岩,其主要特征是富含石英;当二氧化硅的含量为55%~65%时,为中性岩浆岩,其特征为含较少或不含石英,而富含长石;当二氧化硅的含量较少,即为45%~55%时,为基性岩浆岩,其特征为不含或含较少石英,除长石外,开始出现大量深色铁镁矿物,如辉石、橄榄石;当二氧化硅的含量极少,即少于45%时,则为超基性岩浆岩,其特征为既不含石英,也不含长石,以大量深色铁镁矿物橄榄石、辉石等为主。因此,可以按照顺序观察石英、长石和铁镁矿物橄榄石、辉石的含量,大致确定岩石属于哪一类岩浆岩,且熟记各类岩浆岩中常见的几种矿物成分。

2.鉴定岩浆岩的结构和构造

由于岩浆岩生成条件的不同,因此反映这种生成条件的结构和构造也不相同。用肉眼鉴定岩石的结构时主要观察其结晶程度、晶粒大小及晶粒间的组合方式。

根据结晶程度可将岩石结构分为全晶质(分显晶质、隐晶质)、半晶质、非晶质(玻璃质)三种。全晶质(指显晶质)的岩石又可根据晶粒大小分为粗粒(晶粒直径大于5mm)、中粒(晶粒直径为1~5mm)、细粒(晶粒直径小于1mm)三种;岩石结构按晶粒间的组合方式可分为等粒结构和斑状结构两种。

岩浆岩的构造大多数为致密块状,少数为气孔状、杏仁状和流纹状。

3.认识岩浆岩的颜色特点

对于结晶不好或没有结晶的岩浆岩,应根据颜色来判断其所含的矿物成分和化学成分。酸性岩浆岩的主要成分是石英和长石,颜色较浅,包括浅灰、玫瑰、红、黄色等;基性岩浆岩的主要成分是铁镁矿物橄榄石、辉石等,颜色较深,包括深灰、深黄、棕、深绿、黑色等。

三、任务要求

仔细观察标本盒中的 10 种岩浆岩标本,依次描述每块岩浆岩的主要矿物成分、结构和构造特征,并完成常见岩浆岩肉眼鉴定记录表(表 2-1),最后经过对比,找出每种岩浆岩的鉴定特征。

常见岩浆岩肉眼鉴定记录表   表 2-1

标本序号	岩石名称	主要鉴定特征				
		颜色	主要矿物成分	结构	构造	其他
1						
2						
3						
4						
5						
6						
7						
8						
9						
10						

沉积岩肉眼鉴定

一、目的要求

通过对标本的肉眼鉴定方法,根据岩石的矿物成分、结构和构造来识别主要的沉积岩,掌握沉积岩的鉴定特征。

二、内容和方法

1.认识沉积岩的结构

由于沉积岩多为碎屑或隐晶结构,故沉积岩的结构侧重于它的颗粒大小和形状。颗粒直径大于0.002mm的为碎屑岩类,小于0.002mm的为黏岩类。在碎屑岩中,颗粒直径大于2mm的为砾状结构,根据颗粒形状又可分为磨圆度较好的圆砾状结构和磨圆度不好的角砾状结构;颗粒直径为0.002~2mm的为砂状结构,按直径大小又可分为粗、中、细、粉砂状结构;颗粒直径小于0.002mm的为泥质结构。颗粒的大小及形状对碎屑岩及黏土岩的定名及性质起决定性作用,而颗粒大小对化学结晶结构的沉积岩的重要性影响则小得多。

2.认识沉积岩的构造

沉积岩的构造特征主要有层理构造,一般不易在手标本上观察到,多在野外进行观察,除非是薄层的沉积岩。其他构造有层面构造(波痕、泥裂)、结核(如燧石、锰结核)构造、化石构造等。总体来说,构造特征是区别三大类岩石中沉积岩的最重要的特征之一,但对于鉴定具体沉积岩的名称及性质作用较小。

3.认识沉积岩的主要矿物成分和胶结物

沉积岩的矿物成分和胶结物是决定沉积岩的名称和性质的另一个重要特征。

对于碎屑岩来说,颗粒的矿物成分和胶结物的矿物成分是同等重要的。例如,某种粗砂颗粒主要由长石组成,胶结物为碳质,则定名为碳质粗粒长石砂岩;胶结物为硅质,则定名为硅质粗粒长石砂岩,两者工程性质相差较大。

对于泥质页岩及泥岩来说,由于其颗粒直径多在0.002mm以下,颗粒矿物多为黏土类矿物(如高岭石等),故其命名和性质在很大程度上取决于胶结物。按鉴定矿物的方法对各种常见的胶结物进行鉴别,特征见表3-1。

对于化学结晶结构的沉积岩及生物化学结晶结构的沉积岩来讲,矿物成分是最重要的鉴定特征。

沉积岩中胶结物的主要特征   表 3-1

胶结物类型	颜色	硬度	其他特征
硅质	色浅(灰白等)	坚硬,小刀划不动	
钙质	色浅(灰白等)	较硬,小刀可划动	滴盐酸起泡
铁质	色浅(紫红等)	较硬,小刀可划动	
泥质	色浅(紫红等)	软,易刻划,易碎	

三、任务要求

按标本盒里的常见的 10 种沉积岩标本顺序,依次描述每块沉积岩的主要矿物成分或胶结物、结构和构造特征,并完成常见沉积岩肉眼鉴定记录表(表 3-2),最后经过对比,找出每种沉积岩的鉴定特征。

常见沉积岩肉眼鉴定记录表   表 3-2

标本序号	岩石名称	主要鉴定特征				
		颜色	主要矿物成分	结构	构造	其他
1						
2						
3						
4						
5						
6						
7						
8						
9						
10						

实训项目4

变质岩肉眼鉴定

一、目的要求

通过对标本的肉眼鉴定方法,根据岩石的矿物成分、结构和构造来识别主要的变质岩,掌握变质岩的鉴定特征。

二、内容和方法

1.认识变质岩的常见矿物

浅色的有石英、长石、方解石、滑石、白云母、绢云母等,深色的有角闪石、辉石、黑云母、绿泥石等。其中除绢云母、滑石及绿泥石等为变质作用生成的变质岩所特有的矿物外,其余的为原岩所具有的矿物。

2.认识变质岩的结构

变质岩中除少数岩石(如板岩、千枚岩等轻变质岩)具变余结构外,其余大多数变质岩均为变晶结构。结晶程度的好坏反映了岩石变质程度的深浅。

3.认识变质岩的构造

变质岩的构造特征是变质岩区别于其他岩石的最重要的特征。除石英岩、大理岩为块状构造外,其余均以片理构造为特征。具片状构造的称片岩,具片麻状构造的称片麻岩,具千枚状构造的称千枚岩,具板状构造的称板岩。这四种片理构造的特征对比如下:

(1)片岩多为一种主要矿物(呈片状、针状、柱状)占绝对优势,并以此矿物命名,可有少量粒状矿物。岩石中的片状、针状、柱状矿物平行定向排列,一般颜色较杂,硬度较低。

(2)片麻岩多由两种以上既有深色又有浅色的矿物组成。其中粒状矿物占多数(常为浅色),片状、针状、柱状矿物平行定向排列(常为深色),岩石硬度较高。

(3)千枚岩和板岩均为轻质变质岩,因原岩中的矿物成分未能全部结晶出来,故其矿物成分不易辨认,但千枚状构造和板状构造能将它们与其他变质岩区分开。

三、任务要求

按标本盒里的常见的7种变质岩标本顺序,依次描述每块变质岩的主要矿物成分、结构和构造特征,并完成常见变质岩肉眼鉴定记录表(表4-1),最后经过对比,找出每种变质岩的鉴定特征。

常见变质岩肉眼鉴定记录表

表4-1

标本序号	岩石名称	主要鉴定特征				
		颜色	主要矿物成分	结构	构造	其他
1						
2						
3						
4						
5						
6						
7						

地质罗盘仪测定岩层产状

一、目的要求

认识地质罗盘仪(以下简称"罗盘"),能熟练使用罗盘测定岩层产状,并能用文字和符号正确记录岩层产状三要素。

二、内容和方法

1.地质罗盘仪的结构

地质罗盘仪又称"袖珍经纬仪",是野外地质工作不可缺少的工具。地质罗盘仪主要包括磁针、水平仪和倾斜仪等部分。结构上可分为底盘、外壳和上盖,主要仪器均固定在底盘上,三者用合页联结成整体。地质罗盘仪底盘上主要包括磁针、水平刻度盘、竖直刻度盘、圆水准器、管水准器和瞄准器等部分,如图5-1所示。

(1)磁针

一般为中间宽两边尖的菱形钢针,安装在底盘中间的顶针上,可自由转动,不用时应旋紧制动螺栓,将磁针抬起压在盖玻璃上避免磁针帽与顶针尖的碰撞,以保护顶针尖,延长罗盘仪使用寿命。在进行测量时放松制动螺栓,使磁针自由摆动,最后静止时磁针的指向就是磁针子午线方向。由于我国位于北半球,磁针两端所受磁力不等,使磁针失去平衡。为了使磁针保持平衡,常在磁针南端绕上几圈铜丝,用此方法也便于区分磁针的南北两端。

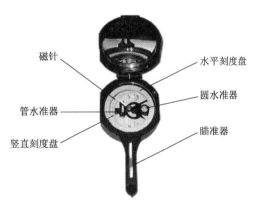

图 5-1　地质罗盘仪底盘结构

(2)水平刻度盘

水平刻度盘的刻度是采用这样的标示方式:从零度开始按逆时针方向每10°一记,连续刻至360°,0°和180°分别为 N 和 S,90°和270°分别为 E 和 W,利用它可以直接测得地面两点间直线的磁方位角。

（3）竖直刻度盘

竖直刻度盘专用来读倾角和坡角读数，以 E 或 W 位置为 0°，以 S 或 N 位置为 90°，每隔 10°标记相应数字。

（4）圆水准器和管水准器

水准器通常有两个，分别是圆水准器和管水准器，圆水准器固定在底盘上，管水准器固定在测斜仪上。

（5）瞄准器

瞄准器包括对物和对目觇板，反光镜中间有细线，下部有透明小孔，使眼睛、细线、目的物三者成一线，作瞄准之用。

2. 地质罗盘仪使用方法

（1）磁偏角的校正

罗盘在使用前必须进行磁偏角的校正，因为地磁的南、北两极与地理上的南北两极位置不完全相符，即磁子午线与地理子午线不相重合。地球上任一点的磁北方向与该点的正北方向不一致，这两方向间的夹角叫磁偏角。地球上某点磁针北端偏于正北方向的东边称东偏，偏于西边称西偏。东偏为（＋），西偏为（－）。地球上各地的磁偏角都按期计算，公布以备查用。若某点的磁偏角已知，则一测线的磁方位角 $A_磁$ 和正北方位角 A 的关系为：$A = A_磁 ±$ 磁偏角。应用这一原理可进行磁偏角的校正，校正时可旋动罗盘的刻度螺旋，使水平刻度盘向左或向右转动（磁偏角东偏则向右，西偏则向左），使罗盘底盘南北刻度线与水平刻度盘 0°～180°连线间夹角等于磁偏角。经校正后测量时的读数即为真方位角。

（2）目的物方位的测量

测定目的物与测者间的相对位置关系，即是测定目的物的方位角（方位角是指从子午线顺时针方向到该测线的夹角）。测量时放松制动螺栓，使对物觇板指向测物，即使罗盘北端对着目的物，南端靠着自己，进行瞄准，使目的物、盖玻璃上的细丝、眼睛三者成一线，同时使底盘水准器水泡居中，待磁针静止时指北针所指度数即为所测目的物之方位角（若指针一时静止不了，可读磁针摆动时最小度数的二分之一处，测量其他要素读数时亦同样）。若用测量的对物觇板对着测者（此时罗盘南端对着目的物）进行瞄准时，指北针读数表示测者位于测物的什么方向，此时指南针所示读数才是目的物位于测者什么方向。与前者比较这是因为两次用罗盘瞄准测物时罗盘之南、北两端正好颠倒，故影响测物与测者的相对位置。为了避免时而读指北针，时而读指南针，产生混淆，应以对物觇板指着所求方向恒读指北针，此时所得读数即所求测物之方位角。

3. 岩层产状要素的测量

岩层的空间位置决定于其产状要素，岩层产状要素包括岩层的走向、倾向和倾角（图 5-2）。测量岩层产状是野外地质工作的最基本的工作方法之一，必须熟练掌握。

（1）岩层走向的测定

岩层走向是岩层层面与水平面交线的方向也就是岩层任一高度上水平线的延伸方向。测量时将罗盘长边与层面紧贴，然后转动罗盘，使底盘水准器的水泡居中，读出指针所指刻度即为岩层之走向(图5-3)。因为走向是代表一条直线的方向,它可以两边延伸,指南针或指北针所读数正是该直线之两端延伸方向,如 NE30°与 SW210°均可代表该岩层之走向。

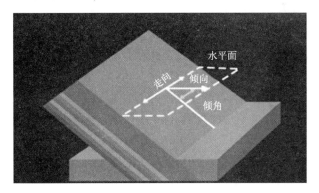

图 5-2　产状三要素示意图

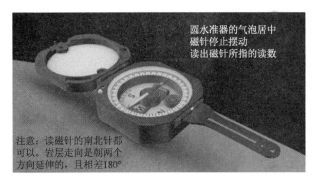

图 5-3　走向测定示意图

(2)岩层倾向的测定

岩层倾向是指岩层向下最大倾斜方向线在水平面上的投影,恒与岩层走向垂直。测量时,将罗盘北端或对物觇板指向倾斜方向,罗盘南端紧靠着层面并转动罗盘,使底盘水准器水泡居中,读指北针所指刻度即为岩层的倾向(图5-4)。假若在岩层顶面上进行测量有困难,也可以在岩层底面上测量,仍用对物觇板指向岩层倾斜方向,罗盘北端紧靠底面,读指北针即可。假若测量底面时读指北针受障碍,则用罗盘南端紧靠岩层底面,读指南针亦可。

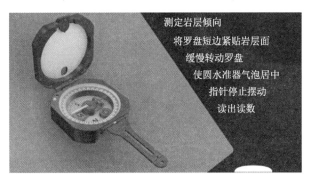

图 5-4　倾向测定示意图

（3）岩层倾角的测定

岩层倾角是岩层层面与假想水平面间的最大夹角，即真倾角，它是沿着岩层的真倾斜方向测量得到的。沿其他方向所测得的倾角是视倾角。视倾角恒小于真倾角，也就是说岩层层面上的真倾斜线与水平面的夹角为真倾角，层面上视倾斜线与水平面之夹角为视倾角。野外分辨层面之真倾斜方向甚为重要，它恒与走向垂直，此外可用小石子使之在层面上滚动或滴水使之在层面上流动，此滚动或流动之方向即为层面之真倾斜方向。测量时将罗盘直立，并以长边靠着岩层的真倾斜线，沿着层面左右移动罗盘，并用中指搬动罗盘底部之活动扳手，使测斜水准器水泡居中，读出悬锥中尖所指最大读数，即为岩层之真倾角（图 5-5）。

岩层产状的记录方式通常采用下面的方式：既方位角记录方式，如果测量出某一岩层走向为 310°，倾向为 220°，倾角 35°，则记录为 NW310°SW∠35° 或 310°/SW∠35° 或 220°∠35°。野外测量岩层产状时需要在岩层露头测量，不能在转石（滚石）上测量，因此要区分露头和滚石。区别露头和滚石，主要是多观察和追索并要善于判断。测量岩层面的产状时，如果岩层凹凸不平，可把记录本平放在岩层上当作层面以便进行测量。

图 5-5　倾角测定示意图

三、任务成果

用岩层模型随机摆放，利用罗盘仪测量 8 组岩层产状要素，并用方位角表示法记录在表 5-1 中。

岩层产状记录表　　　　　　　　　　　　　表 5-1

序号	走向	倾向	倾角	方位角表示法	象限角表示法
1					
2					
3					
4					
5					
6					
7					
8					

颗粒分析试验

试验一　筛分法（T 0115—1993）

一、目的和适用范围

本试验的目的是通过试验,获得粗粒土的颗粒级配。

筛分法适用于分析土粒粒径范围 0.075～60mm 的土粒粒组含量和级配组成。

二、基本原理

筛分法是利用一套不同孔径的筛子,将已知质量的土样,放入按孔径由大到小依次套装的标准筛顶层中,振动套筛,土样中粗粒留在筛上,细粒留到筛下,分别称量各粒组留筛土粒的质量,再除以已知土样总质量,即可计算出各粒组的百分含量。

三、仪器设备

（1）标准筛（图 6-1）：

①粗筛（圆孔）：孔径为 60mm、40mm、20mm、10mm、5mm、2mm；

②细筛：孔径为 2.0mm、1.0mm、0.5mm、0.25mm、0.075mm。

（2）天平：称量 5000g,感量 1g；称量 1000g,感量 0.01g。

（3）摇筛机。

（4）其他：烘箱、筛刷、烧杯、木碾、研钵及杵等。

图 6-1　标准筛

四、试样

从风干、松散的土样中，用四分法按照下列规定取出具有代表性的试样：

（1）小于 2mm 颗粒的土 100～300g。

（2）最大粒径小于 10mm 的土 300～900g。

（3）最大粒径小于 20mm 的土 1000～2000g。

（4）最大粒径小于 40mm 的土 2000～4000g。

（5）最大粒径大于 40mm 的土 4000g 以上。

五、试验步骤

1. 对于无黏聚性的土

（1）按规定称取试样，将试样分批过 2mm 筛。

（2）将大于 2mm 的试样按从大到小的次序通过大于 2mm 的各级粗筛。将留在筛上的土分别称量。

（3）2mm 筛下的土如数量过多，可用四分法缩分至 100～800g。将试样按从大至小的次序通过小于 2mm 的各级细筛。可用摇筛机进行振摇，振摇时间一般为 10～15min。

（4）由最大孔径的筛开始，顺序将各筛取下，在白纸上用手轻叩摇晃，至每分钟筛下数量不大于该级筛余质量的 1% 为止。漏下的土粒应全部放入下一级筛内，并将留在各筛上的土样用软毛刷刷净，分别称量。

（5）筛后各级留筛和筛下土总质量与筛前试样总质量之差，不应大于筛前试样总质量的 1%。

（6）如 2mm 筛下的土不超过试样总质量的 10%，可省略细筛分析；如 2mm 筛上的土不超过试样总质量的 10%，可省略粗筛分析。

2. 对于含有黏土粒的砂砾土

（1）将土样放在橡皮板上，用木碾将黏结的土团充分碾散，拌匀、烘干、称量。如土样过多时，用四分法称取代表性土样。将试样置于盛有清水的瓷盆中，浸泡并搅拌，使粗细颗粒分散。

（2）将浸润后的混合液过 2mm 筛，边冲边洗过筛，直至筛上仅留大于 2mm 以上的土粒为止。然后，将筛上洗净的砂砾风干称量。按以上方法进行粗筛分析。

（3）通过 2mm 筛下的混合液存放在盆中，待稍沉淀，将上部悬液过 0.075mm 洗筛，用带橡皮头的玻璃棒研磨盆内浆液，再加清水，搅拌、研磨、静置、过筛，反复进行，直至盆内悬液澄清。最后，将全部土粒倒在 0.075mm 筛上，用水冲洗，直到筛上仅留大于 0.075mm 净砂为止。将大于 0.075mm 的净砂烘干称量，并进行细筛分析。

（4）将大于 2mm 颗粒及 2～0.075mm 的颗粒质量从原称量的总质量中减去，即为小于 0.075mm 颗粒质量。

（5）如果小于 0.075mm 颗粒质量超过总质量的 10%，有必要时，将这部分土烘干、取样，另做密度计或移液管分析。

六、结果整理

（1）按下式计算小于某粒径颗粒质量百分数：

$$X = \frac{A}{B} \times 100 \tag{6-1}$$

式中：X——小于某粒径颗粒质量占总土质量的百分比（%），计算到0.1%；

A——小于某粒径的颗粒质量（g）；

B——试样的总质量（g）。

（2）当小于2mm的颗粒用四分法缩分取样时，按下式计算试样中小于某粒径的颗粒质量占总土质量的百分比：

$$X = \frac{a}{b} \times p \times 100 \tag{6-2}$$

式中：X——小于某粒径颗粒质量占总土质量的百分比（%），计算到0.1%；

a——通过2mm筛的试样中小于某粒径的颗粒质量（g）；

b——通过2mm筛的土样中所取试样的质量（g）；

p——粒径小于2mm的颗粒质量百分比（%）。

（3）在半对数坐标纸上，以小于某粒径颗粒质量占总土质量的百分比为纵坐标，以粒径（mm）为横坐标，绘制颗粒大小级配曲线，求出各粒组的颗粒质量百分数，以整数（%）表示。

（4）在颗粒级配曲线上，找出d_{60}、d_{30}、d_{10}的粒径值，并按下式计算不均匀系数C_u及曲率系数C_c：

$$C_u = \frac{d_{60}}{d_{10}} \tag{6-3}$$

$$C_c = \frac{d_{30}^2}{d_{10} \cdot d_{60}} \tag{6-4}$$

式中：C_u——不均匀系数，计算至0.1且含两位以上有效数字；

C_c——曲率系数；

d_{60}——限制粒径，即土中小于该粒径的颗粒质量为60%的粒径（mm）；

d_{30}——平均粒径，即土中小于该粒径的颗粒质量为30%的粒径（mm）；

d_{10}——有效粒径，即土中小于该粒径的颗粒质量为10%的粒径（mm）。

只有同时满足$C_u \geqslant 5$和$C_c = 1 \sim 3$时，土为级配良好的土。

（5）精度和允许差。

筛后各级筛上和筛底土总质量与筛前试样总质量之差，不应大于筛前试样总质量的1%，否则应重做试验。

（6）将试验数据及成果填入表 6-1 中。

颗粒分析试验记录（筛分法）　　　　　　　　　表 6-1

试验日期：

试样编号			试样产地		
试样说明			检测依据		
筛前总土质量(g)			小于 2mm 取试样质量(g)		
小于 2mm 土质量(g)			小于 2mm 土占总土质量(%)		

粗筛分析				细筛分析					
孔径 (mm)	累积留筛土质量 (g)	小于该孔径的土质量 (g)	小于该孔径土质量百分比 (%)	孔径 (mm)	留筛土质量 (g)	累积留筛土质量 (g)	小于该孔径的土质量 (g)	小于该孔径土质量百分比 (%)	小于该孔径土占总质量百分比 (%)
60				2.0					
40				1.0					
20				0.5					
10				0.25					
5				0.075					
2									

粒度成分累计曲线

试验二 密度计法(T 0116—2007)

一、目的和适用范围

本试验的目的是通过比重计在悬液中测试细粒土的颗粒级配情况,为了解细粒土的工程性质及其分类提供数据。

本试验方法适用于分析粒径小于0.075mm的细粒土。

二、基本原理

根据土粒在静水中因其粒径大小而沉降速度不同,重者先沉,轻者后沉,还由于悬液密度随着其中土粒逐渐沉降减少而渐渐也减小的规律,利用比重计测试悬液在不同时间的速度值,推算出土粒直径及土中小于某粒径的干土质量的百分比。

粒径不同的土粒在悬液中的沉降速度,可用流体力学中著名的斯克斯公式计算。

三、仪器设备

(1)密度计:

甲种密度计:刻度单位以20℃时每1000mL悬液内所含土质量的克数表示,刻度为-5~50,最小分度值为0.5。

乙种密度计:刻度单位以20℃时悬液的比重表示,刻度为0.995~1.020,最小分度值为0.0002。

(2)量筒:容积为1000mL,内径为60mm,高度为350mm±10mm,刻度为0~1000mL。

(3)细筛:孔径为2mm、0.5mm、0.25mm;洗筛孔径为0.075mm。

(4)天平:称量200g,感量0.01g。

(5)温度计:测量范围0~50℃,精度0.5℃。

(6)洗筛漏斗:上口直径略大于洗筛直径,下口直径略小于量筒直径。

(7)煮沸设备:电热板或电砂浴。

(8)搅拌器:底板直径50mm,孔径约3mm。

(9)其他:离心机、烘箱、三角烧瓶(500mL)、烧杯(400ml)、蒸发皿、研钵、木碾、称量铝盒、秒表等。

四、试剂与试样

1.试剂

浓度25%氨水、氢氧化钠(NaOH)、草酸钠($Na_2C_2O_4$)、六偏磷酸钠[$(NaPO_3)_6$]、焦磷酸纳($Na_4P_4P_2O_7 \cdot 10H_2O$)等;如须进行洗盐手续,应有10%盐酸、5%氯化坝、10%硝酸、5%硝酸银及6%双氧水(过氧化氢)等。

2.试样

密度计分析土样应采用风干土。土样应充分碾散,通过2mm筛(土样风干可在烘箱内以不超过50℃鼓风干燥)。

求出土样的风干含水率,并按下式计算试样干质量为30g时所需的风干土质量。

$$m = m_s(1 + 0.01w) \tag{6-5}$$

式中:m——风干土质量(g),计算至0.01g;

     m_s——密度计分析所需干土质量(g);

     w——风干土的含水率(%)。

五、校正

1. 密度计刻度及弯月面校正

按《标准玻璃浮计检定规程》(JJG 86—2023)进行,土粒沉降距离校正参见《公路土工试验规程》(JTG 3430—2020)T 0116—2007 条文说明。

2. 温度校正

当密度计的刻制温度是20℃,而悬液温度不等于20℃时,应进行校正,校正值查表6-2。

温度校正值   表6-2

悬液温度 t (℃)	甲种密度计温度校正值 m_t	乙种密度计温度校正值 m_t'	悬液温度 t (℃)	甲种密度计温度校正值 m_t	乙种密度计温度校正值 m_t'
10.0	−2.0	−0.0012	20.2	0.0	+0.0000
10.5	−1.9	−0.0012	20.5	+0.1	+0.0001
11.0	−1.9	−0.0012	21.0	+0.3	+0.0002
11.5	−1.8	−0.0011	21.5	+0.5	+0.0003
12.0	−1.8	−0.0011	22.0	+0.6	+0.0004
12.5	−1.7	−0.0010	22.5	+0.8	+0.0005
13.0	−1.6	−0.0010	23.0	+0.9	+0.0006
13.5	−1.5	−0.0009	23.5	+1.1	+0.0007
14.0	−1.4	−0.0009	24.0	+1.3	+0.0008
14.5	−1.3	−0.0008	24.5	+1.5	+0.0009
15.0	−1.2	−0.0008	25.0	+1.7	+0.0010
15.5	−1.1	−0.0007	25.5	+1.9	+0.0011
16.0	−1.0	−0.0006	26.0	+2.1	+0.0013
16.5	−0.9	−0.0006	26.5	+2.2	+0.0014
17.0	−0.8	−0.0005	27.0	+2.5	+0.0015
17.5	−0.7	−0.0004	27.5	+2.6	+0.0016
18.0	−0.5	−0.0003	28.0	+2.9	+0.0018
18.5	−0.4	−0.0003	28.5	+3.1	+0.0019
19.0	−0.3	−0.0002	29.0	+3.3	+0.0021
19.5	−0.1	−0.0001	29.5	+3.5	+0.0022
20.0	0.0	−0.0000	30.0	+3.7	+0.0023

3. 土粒比重校正

密度计刻度应以土粒比重 2.65 为准。当试样的土粒比重不等于 2.65 时,应进行土粒比重校正。土粒比重校正值查表 6-3。

土粒比重校正值 表 6-3

土粒比重	甲种密度计 C_G	乙种密度计 C'_G	土粒比重	甲种密度计 C_G	乙种密度计 C'_G
2.50	1.038	1.666	2.70	0.989	1.588
2.52	1.032	1.658	2.72	0.985	1.581
2.54	1.027	1.649	2.74	0.981	1.575
2.56	1.022	1.641	2.76	0.977	1.568
2.58	1.017	1.632	2.78	0.973	1.562
2.06	1.012	1.625	2.80	0.969	1.556
2.62	1.007	1.617	2.82	0.965	1.549
2.64	1.002	1.609	2.84	0.961	1.543
2.66	0.998	1.603	2.86	0.958	1.538
2.68	0.993	1.595	2.88	0.954	1.532

4. 分散剂校正

密度计刻度系以纯水为准,当悬液中加入分散剂时,相对密度增大,故须加以校正。

注纯水入量筒,然后加分散剂,使量筒溶液达 1000mL。用搅拌器在量筒内沿整个深度上下搅拌均匀,恒温至 20℃。然后将密度计放入溶液中,测记密度计读数。此时密度计读数与 20℃时纯水中读数之差,即为分散剂校正值。

5. 密度计土粒沉降距离校正

(1)测定密度计浮泡体积。在 250mL 量筒内倒入约 130mL 纯水,并保持水温为 20℃,测定量筒内水面读数(以弯月面上缘为准)后画一标记。将密度计放入量筒中,使水面达密度计最低分度处(以弯月面上缘为准),同时测记水面在量筒上的读数(以弯月面上缘为准)后再画一标记。两者之差,即为密度计浮泡的体积。读数准确至 1mL。

(2)测定密度计浮泡体积中心。在测定密度计浮泡体积后,将密度计向上缓缓垂直提起,使水面恰落至两标记的正中间,此时水面与浮泡相切(以弯月面上缘为准),即为浮泡体积中心。将密度计固定于三足架上,用直尺准确量出水面至密度计最低分度的垂直距离。

(3)测定 1000mL 量筒内径(准确至 1mn),并算出量筒面积。

(4)量出自密度计最低分度至玻璃杆上各分度处的距离,每隔 5 格或 10 格量距一次。

(5)按下式计算土粒有效沉降距离。

$$L = L' - \frac{V_b}{2A} = L_1 + \left(L_0 - \frac{V_b}{2A} \right) \tag{6-6}$$

式中:L——土粒有效沉降距离(cm);

L_1——自最低刻度至玻璃杆上各分度的距离(cm);

L_0——密度计浮泡中心至最低分度的距离(cm);

V_b——密度计浮泡体积(cm^3);

A——1000mL 量筒面积(cm^2)。

(6)用所量出的不同 L_1 代入上式,计算出如图 6-2 所示的 L 值。

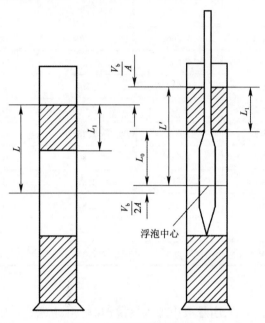

图 6-2　土粒有效沉降距离校正

注:若使用 TM-85 型比重计进行试验,则无需进行刻度、有效沉降距离和弯液面的校正。

六、土样分散处理

土样的分散处理,采用分散剂。对于使用各种分散剂均不能分散的土样(如盐渍土等),须进行洗盐。

对于一般易分散的土,以 25% 氨水作为分散剂,其用量为 30g 土样中加氨水 1mL。

对于用氨水不能分散的土样,可根据土样的 pH 值,分别采用下列分散剂:

(1)酸性土(pH < 6.5),30g 土样加 0.5mol/L 氢氧化钠 20mL。溶液配制方法:称取 20g NaOH(化学纯),加蒸馏水溶解后,定容至 1000mL,摇匀。

(2)中性土(pH = 6.5~7.5),30g 土样加 0.25mol/L 草酸钠 18mL。溶液配制方法:称取 33.5g $Na_2C_2O_4$(化学纯),加蒸馏水溶解后,定容至 1000mL,摇匀。

(3)碱性土(pH > 7.5),30g 土样加 0.083mol/L 六偏磷酸钠 15mL。溶液配制方法:称取 51g $(NaPO_3)_6$(化学纯),加蒸馏水溶解后,定容至 1000mL,摇匀。

(4)若土的 pH 大于 8,用六偏磷酸钠分散效果不好或不能分散时,则 30g 土样加 0.125mol/L 焦磷酸钠 14mL。溶液配制方法:称取 55.8g $Na_4P_2O_7 \cdot 10H_2O$(化学纯),加蒸馏水溶解后,定容至 1000mL,摇匀。

对于强分散剂(如焦磷酸钠)仍不能分散的土,可用阳离子交换树脂(粒径大于 2mm 的) 100g 放入土样中一起浸泡,不断摇荡约 2h,再过 2mm 筛,将阳离子交换树脂分开,然后加入 0.083mol/L 六偏磷酸 15mL。

对于可能含有水溶盐,采用以上方法均不能分散的土样,要进行水溶盐检验。其方法是: 取均匀试样约 3g,放入烧杯内,注入 4~6mL 蒸馏水,用带橡皮头的玻璃棒研散,再加 25mL 蒸馏水,煮沸 5~10min,经漏斗注入 30mL 的试管中,塞住管口,放在试管架上静置一昼夜。若发现管中悬液有凝聚现象(在沉淀物上部呈松散絮绒状),则说明试样中含有足以使悬液中土粒成团下降的水溶盐,要进行洗盐。

七、洗盐(过滤法)

将分散用的试样放入调土皿内,注入少量蒸馏水,拌和均匀。将滤纸微湿后紧贴于漏斗上,然后将调土皿中土浆迅速倒入漏斗中,并注入热蒸馏水冲洗过滤。附于皿上的土粒要全部洗入漏斗。若发现滤液浑浊,须重新过滤。

应经常使漏斗内的液面保持高出土面约 5mm。每次加水后,须用表面皿盖住。

为了检查水溶盐是否已洗干净,可用两个试管各取刚滤下的滤液 3~5mL,管中加入数滴 10% 盐酸及 5% 氯化钡;另一管加入数滴 10% 硝酸及 5% 硝酸盐。若发现任一管中有白色沉淀时,说明土中的水溶盐仍未洗净,应继续清洗,直至检查时试管中不再发现白色沉淀时为止。将漏斗上的土样细心洗下,风干取样。

八、试验步骤

(1)将称好的风干土样倒入三角烧瓶中,注入蒸馏水 200mL,浸泡一夜。按前述规定加入分散剂。

(2)将三角烧瓶稍加摇荡后,放在电热器上煮沸 40min(若用氨水分散时,要用冷凝管装置;若用阳离子交换树脂时,则不需煮沸)。

(3)将煮沸后冷却的悬液倒入烧杯中,静置 1min。将上部悬液通过 0.075mm 筛,注入 1000mL 量筒中,把杯中沉土用带橡皮头的玻璃棒细心研磨。加水入杯中,搅拌后静置 1min, 再将上部悬液通过 0.075mm 筛,倒入量筒。反复进行,直至静置 1min 后,上部悬液澄清为止。最后将全部土粒倒入筛内,用水冲洗至仅存大于 0.075mm 净砂为止。注意量筒内的悬液总量不要超过 1000mL。

(4)将留在筛上的砂粒洗入皿中,风干称量,并计算各粒组颗粒质量占总土质量的百分数。

(5)向量筒中注入蒸馏水,使悬液恰为 1000mL(如用氨水作分散剂时,这时应再加入 25% 氨水 0.5mL,其数量包括在 1000mL 内)。

(6)用搅拌器在量筒内沿整个悬液深度上下搅拌 1min,往返约 30 次,使悬液均匀分布。

(7)取出搅拌器,同时开动秒表。测记 0.5min、1min、5min、15min、30min、60min、120min、 240min 及 1440min 的密度计读数,直至小于某粒径的土重百分数小于 10% 为止。每次读数前 10~20s 将密度计小心放入量筒至约接近估计读数的深度。读数以后,取出密度计(0.5min 及 1min 读数除外),小心放入盛有清水的量筒中。每次读数后均须测计悬液温度,准确至 0.5℃。

(8)若一次作一批土样(20个),可先做完每个量筒的0.5min及1min的读数,再按以上步骤将每个土样悬液重新依次搅拌一次。然后分别测记各规定时间的读数。同时在每次读数后测记悬液的温度。

(9)密度计读数均以弯液面上缘为准。甲种密度计应准确至1,估读至0.1;乙种密度计应准确至0.001,估读至0.0001。为方便读数,采用间读法,即0.001读作1,而0.0001读作0.1。这样既便于读数,又便于计算。

九、结果整理

(1)小于某粒径的试样质量占试样总质量的百分比,按下列公式计算。

①甲种比重计:

$$X = \frac{100}{m_s} C_G (R_m + m_t + n - C_D) \tag{6-7}$$

$$C_G = \frac{\rho_s}{\rho_s - \rho_{w20}} \times \frac{2.65 - \rho_{w20}}{2.65} \tag{6-8}$$

式中:X——小于某粒径的土质量百分数(%),计算至0.1%;

m_s——试样质量(干土质量)(g);

C_G——比重校正值,查表6-3;

ρ_s——土粒密度(g/cm³);

ρ_{w20}——20℃时水的密度(g/cm³);

m_t——温度校正值,查表6-2;

n——刻度及弯月面校正值;

C_D——分散剂校正值;

R_m——甲种比重计读数。

②乙种密度计:

$$X = \frac{100V}{m_s} C'_G [(R'_m - 1) + m'_t + n' - C'_D] \rho_{w20} \tag{6-9}$$

$$C'_G = \frac{\rho_s}{\rho_s - \rho_{w20}} \tag{6-10}$$

式中:X——小于某粒径的土质量百分数(%),计算至0.1%;

V——悬液体积(=1000mL);

m_s——试样质量(干土质量)(g);

C'_G——比重校正值,查表6-3;

ρ_s——土粒密度(g/cm³);

n'——刻度及弯月面校正值;

C'_D——分散剂校正值;

R'_m——乙种密度计读数;

ρ_{w20}——20℃时水的密度(g/cm³);

m'_t——温度校正值,查表6-2。

（2）土粒直径按下列公式计算,也可按图6-3确定。

$$d = \sqrt{\frac{1800 \times 10^4 \eta}{(G_s - G_{WT})\rho_{w4}g} \times \frac{L}{t}} \qquad (6-11)$$

式中:d——土粒直径(mm),计算至0.0001且含两位有效数字;

η——水的动力黏滞系数(10^{-6}kPa·s);

ρ_{w4}——4℃时水的密度(g/cm³);

G_s——土粒比重;

G_{WT}——温度T时水的比重;

L——某一时间t内的土粒沉降距离(cm);

g——重力加速度(981cm/s²);

t——沉降时间(s)。

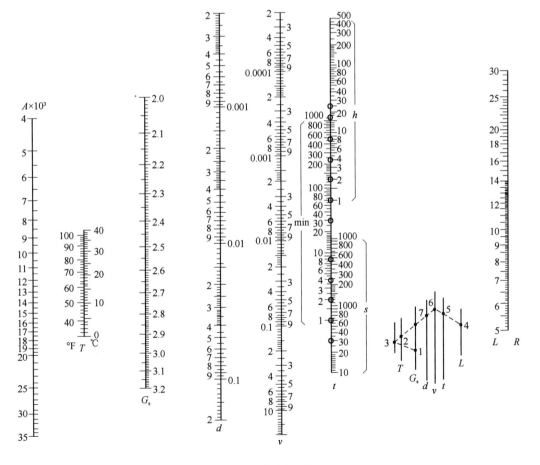

图6-3　土粒直径列线图

为了简化计算,上式可写成:

$$d = K\sqrt{\frac{L}{t}} \tag{6-12}$$

式中:K——粒径计算系数$\left(K = \sqrt{\dfrac{1800 \times 10^4 \eta}{(G_s - G_{WT})\rho_{w4}g}}\right)$,与悬液温度和土粒比重有关,其值见图 6-4。

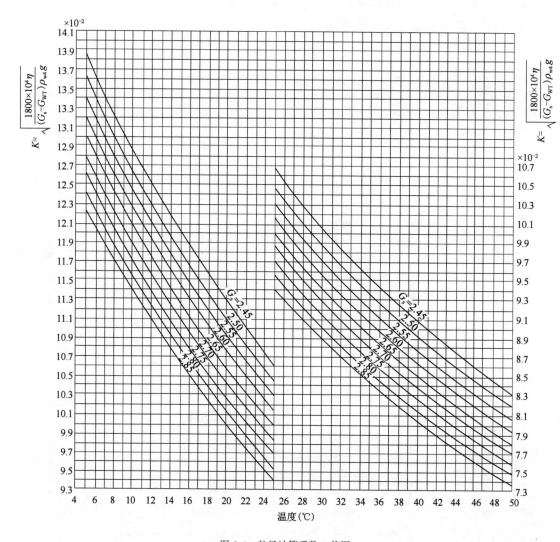

图 6-4　粒径计算系数 K 值图

(3)以小于某粒径的颗粒百分数为纵坐标,以粒径(mm)为横坐标,在半对数纸上,绘制粒径分配曲线。求出各粒组的颗粒质量百分数,并且不大于 d_{10} 的数据点至少有一个。如系与筛分法联合分析,应将两段曲线绘成一平滑曲线。

(4)将试验数据及成果填入表 6-4 中。

颗粒分析试验记录(甲种密度计) 表6-4

工程名称_____ 土粒比重_____ 试验者_____
土样编号_____ 比重校正值_____ 计算者_____
土样说明_____ 密度计号_____ 校核者_____
烘干土质量_____g 量筒编号_____ 试验日期_____

下沉时间	悬液温度	密度计读数	温度校正值	分散剂校正值	刻度及弯月面校正	R	R_H	土粒沉降落距	粒径	小于某粒径的土质量百分数
t (min)	T (℃)	R_m	m_t	C_D	n	$R_m + m_t + n - C_D$	RC_G	L (cm)	$d = K\sqrt{\dfrac{L}{t}}$ (mm)	$X = \dfrac{100}{m_s}R_H$ (%)

十、注意事项

(1)悬液必须搅拌均匀、仔细,切不可溅出和造成涡流。

(2)密度计插入悬液时,要拿正、直,不要斜举,避免密度计上下跳动不定或碰撞筒壁;读数要迅速准确,不宜在悬液中放置时间过久。

(3)每次测毕,应将比重计轻轻放入盛水的量筒之中,切忌放在桌面上。

含水率试验

烘干法（T 0103—2019）

含水率(w)是指土中水的质量(m_w)与土颗粒质量(m_s)的比值,以百分比表示:

$$w = \frac{m_w}{m_s} \times 100\%$$

(7-1)

含水率的测定,可根据工程要求和设备采用不同的方法,如烘干法、酒精燃烧法。

一、目的和适用范围

本试验方法适用于测定黏质土、粉质土、砂类土、砾类土、有机质土和冻土类等土类的含水率。

二、基本原理

利用烘箱加热至105～110℃时,使土孔隙中的非结合水发生相变而蒸发散失,通过测定烘干前后土的质量之差来求得土的含水率。

三、仪器设备

(1)烘箱。
(2)天平:称量200g,感量0.01g;称量5000g,感量1g。
(3)其他:干燥器、称量盒、调土刀等。

四、试验步骤

(1)称量盒质量m_1,准确至0.01g。
(2)取具有代表性试样,细粒土不小于50g,砂类土、有机质土不小于100g,砾类土不小于1kg,放入称量盒内,立即盖好盒盖,称(盒+湿土)质量,即m_2,准确至0.01g。
(3)揭开盒盖,将试样和盒放入烘箱内,在105～110℃恒温下烘干。烘干时间:细粒土不得少于8h,砂类土和砾类土不得少于6h;对含有机质超过5%的土或含石膏的土,应将温度控

制在 $60\sim70^{\circ}\mathrm{C}$ 的范围内,烘干时间不宜少于24h。

(4)将烘干后的试样和盒取出,放入干燥器内冷却(一般只需 $0.5\sim1\mathrm{h}$ 即可)。冷却后盖好盒盖,称(盒 + 干土)质量,即 m_3,细粒土、砂类土和有机质土准确至0.01g,砾类土准确至1g。

五、结果整理

(1)按下式计算含水率。

$$w = \frac{m_2 - m_3}{m_3 - m_1} \times 100\% \tag{7-2}$$

式中: w——含水率(%),计算至0.1%;

m_1——盒质量(g);

m_2——盒 + 湿土质量(g);

m_3——盒 + 干土质量(g)。

(2)精度和允许差。

本试验应进行两次平行测定,取其算术平均值,准确至0.1%,允许平行差值应符合表7-1规定。

含水率测定的允许平行差值

表7-1

含水率 w(%)	允许平行差值(%)	含水率 w(%)	允许平行差值(%)
$w \leq 5.0$	≤ 0.3	$w > 40.0$	≤ 2.0
$5.0 < w \leq 40.0$	≤ 1.0		

(3)将试验数据及成果填入表7-2中。

含水率试验记录(烘干法)

表7-2

工程名称＿＿＿＿＿＿ 试验者＿＿＿＿＿＿

土样编号＿＿＿＿＿＿ 计算者＿＿＿＿＿＿

土样说明＿＿＿＿＿＿ 试验日期＿＿＿＿＿＿

盒号		1	2	3	4
盒质量(g)	①				
盒 + 湿土质量(g)	②				
盒 + 干土质量(g)	③				
水分质量(g)	④ = ② - ③				
干土质量(g)	⑤ = ③ - ①				
含水率(%)	⑥ = ④/⑤				
平均含水率(%)	⑦				

实训项目8

密度试验

环刀法(T 0107—1993)

一、目的和适用范围

环刀法适用于测定细粒土的密度。

二、基本原理

利用一定体积的环刀,根据工程实际需要,在现场切取原状土样,或在室内调制所需含水率的扰动土样,环刀内土的质量与环刀体积之比即为土的密度。

三、仪器设备

(1)环刀:内径 $6 \sim 8$cm,高 $2 \sim 5.4$cm,壁厚 $1.5 \sim 2.2$mm。

(2)天平:感量 0.01g。

(3)其他:修土刀、毛玻片、手锤、小手铲、钢丝锯、凡士林等。

四、试验步骤

(1)按工程需要取原状土或制备所需状态的扰动土样。

(2)取土前在环刀内壁涂上极薄一层凡士林,刀口向下放在土样上。

(3)用修土刀或钢丝锯将土样上部削成略大于环刀直径的土柱,将环刀刀刃垂直向下压在土柱上,边压边削,至土样伸出环刀上部为止。

(4)用修土刀细心修平环刀上下两端多余的土,使与环刀口面齐平,并用玻片盖好土样,以防水分蒸发影响结果。

(5)擦净环刀外壁,称环刀与土的质量,准确至 0.01g,即 m_1。

(6)脱取环刀后称环刀质量,即 m_2。

(7)如果环刀口内土样不易呈自形稳定,可连同上下玻片一起称重,最后分别测定并减去环刀和玻片的质量,即可求得土样质量。

(8)用剩余土样测定该土样的含水率。具体方法见"含水率试验"。

五、结果整理

（1）按下式计算湿密度及干密度。

$$\rho = \frac{m_1 - m_2}{V} \tag{8-1}$$

$$\rho_d = \frac{\rho}{1 + 0.01w} \tag{8-2}$$

式中：ρ——湿密度（g/cm³），计算至0.01；

　　m_1——环刀 + 土质量（g）；

　　m_2——环刀质量（g）；

　　V——环刀体积（cm³）；

　　ρ_d——干密度（g/cm³），计算至0.01；

　　w——含水率（%）。

（2）精度和允许差。

本试验应进行两次平行测定，其平行差值不得大于0.03g/cm³，否则应重新做试验。密度取其算术平均值，精确至0.01g/cm³。

（3）将试验数据及成果填入表8-1中。

密度试验记录[环刀法（T 0107—1993）]　　　　　表8-1

工程名称＿＿＿＿＿＿　　　　　　　试验者＿＿＿＿＿＿

土样编号＿＿＿＿＿＿　　　　　　　计算者＿＿＿＿＿＿

土样说明＿＿＿＿＿＿　　　　　　　试验日期＿＿＿＿＿＿

土样编号			1		2	
环刀号			1	2	3	4
环刀容积（cm³）	①		100	100	100	100
环刀质量（g）	②					
土 + 环刀质量（g）	③					
土样质量（g）	④	③ - ②				
湿密度（g/cm³）	⑤	④/①				
含水率（%）	⑥					
干密度（g/cm³）	⑦	⑤/(1 + 0.01⑥)				
平均干密度（g/cm³）	⑧					

界限含水率试验

液限和塑限联合测定法（T 0118—2007）

一、目的和适用范围

本试验的目的是联合测定土的液限和塑限，用于划分土类，计算天然稠度、塑性指数，供公路工程设计和施工使用。

本试验适用于粒径不大于 0.5mm、有机质含量不大于试样总质量 5% 的土。

二、基本原理

液限塑限联合测定仪是利用一定质量、一定规格的圆锥体的锥尖与不同含水率的土样表面接触时，断电下坠，在规定的时间内，以自重锥入的深度不同来测定土样的含水率。再根据土样不同含水率和对应锥入深度之间的关系在双对数表中绘出直线，然后再从图中查出液限值和塑限值。

三、仪器设备

（1）液限塑限联合测定仪（图 9-1）：应包括带标尺的圆锥仪、电磁铁、显示屏、控制开关和试验杯。锥质量为 100g 或 76g，锥角为 30°。

图 9-1　液限塑限联合测定仪

（2）盛土杯：直径 50mm，深度 40～50mm。

（3）天平：感量 0.01g。

（4）其他：筛（孔径 0.5mm）、调土刀、调土皿、称量盒、研钵（附带橡皮头的研杵或橡皮板、木棒）干燥器、吸管、凡士林等。

四、试验步骤

（1）取有代表性的天然含水率或风干土样进行试验。如土中含大于 0.5mm 的土粒或杂物时,应将风干土样用带橡皮头的研杵研碎或用木棒在橡皮板上压碎,过0.5mm的筛。

（2）取0.5mm筛下的代表性土样600g,分开放入三个盛土皿中,加不同数量的纯水,土样含水率分别控制在液限（a点）、略大于塑限（c点）和二者的中间状态（b点）。用调土刀调匀,盖上湿布,放置18h以上。

100g锥:测定a点的锥入深度应为20（±0.2）mm;测定c点的锥入深度应控制在5mm以下;对于砂类土,测定c点的锥入深度可大于5mm。

76g锥:测定a点的锥入深度应为17（±0.2）mm;测定c点的锥入深度应控制在2mm以下;对于砂类土,测定c点的锥入深度可大于2mm。

（3）将制备的土样充分搅拌均匀,分层装入盛土杯,用力压密,使空气逸出。对于较干的土样,应充分搓揉,用调土刀反复压实。试杯装满后,刮成与杯边齐平。

（4）当用游标式或百分表式液限塑限联合测定仪试验时,调平仪器,提起锥杆（此时游标或百分表读数为零）,锥头上涂少许凡士林。

（5）将装好土样的试杯放在联合测定仪的升降座上,转动升降旋钮,待锥尖与土样表面刚好接触时停止升降,扭动锥下降旋钮,同时开动秒表,经5s时,松开旋钮,锥体停止下落,此时游标读数即为锥入深度 h_1。

（6）改变锥尖与土接触位置（锥尖两次锥入位置距离不小于1cm）,重复（4）和（5）步骤,得锥入深度 h_2; h_1、h_2 允许平行误差为0.5mm,否则应重作。取 h_1、h_2 平均值作为该点的锥入深度 h。

（7）去掉锥尖入土处的凡士林,取10g以上的土样两个,分别装入称量盒内,称质量（准确至0.01g）,测定其含水率 w_1、w_2（计算到0.1%）。计算含水率平均值 w。

（8）重复步骤（3）～（7）,测出另外两个土样的锥入深度和含水率。

用光电式或数码式液限塑限联合测定仪测定时,接通电源,调平机身,打开开关,提上锥体（此时刻度或数码显示应为零）。将装好土样的试杯放在升降座上,转动升降旋钮,试杯徐徐上升,土样表面和锥尖刚好接触,指示灯亮,停止转动旋钮,锥体立刻自行下沉,5s时,自动停止下落,读数窗上或数码管上显示锥入深度。试验完毕,按动复位按钮,锥体复位,读数显示为零。

五、结果整理

（1）在双对数坐标纸上,以含水率 w 为横坐标,锥入深度 h 为纵坐标,点绘 a、b、c 三点含水率的 h-w 图,连此三点,应呈一条直线[图9-2a)]。如三点不在同一直线上,要通过 a 点与 b、c 两点连成两条直线,根据液限（ a 点含水率）在 h_p-w_L 图上查得 h_p,以此 h_p 再在 h-w 图上的 ab 及 ac 两直线上求出相应的两个含水率,当两个含水率的差值小于2%时,以该两点含水率的平均值与 a 点连成一直线[图9-2b)]。当两个含水率的差值大于2%时,应重做试验。

（2）液限确定方法:

①采用100g锥,则在 h-w 图上,查得纵坐标入土深度 $h=20$mm所对应的横坐标的含水率 w,即为该土样的液限 w_L。

②采用76g锥,则在 h-w 图上,查得纵坐标入土深度 $h=17$mm所对应的横坐标的含水率 w,即为该土样的液限 w_L。

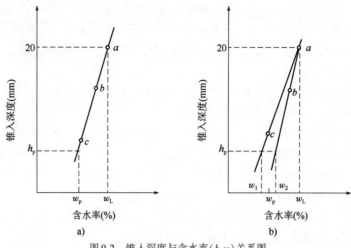

图9-2　锥入深度与含水率(h-w)关系图

（3）塑限确定方法：

①采用100g锥：

由100g锥测出的液限w_L，通过液限w_L与塑限时入土深度h_p的关系曲线（图9-3），查得h_p，再由h-w图求出入土深度为h_p时所对应的含水率，即为该土样的塑限w_p。

查h_p-w_L关系图时，须先通过简易鉴别法及筛分法把砂类土与细粒土区别开来，再按这种土分别采用相应的h_p-w_L关系曲线；对于细粒土，用双曲线确定h_p值；对于砂类土，则用多项式曲线确定h_p值。

②采用76g锥：

由76g锥测出的液限，通过对76g锥入土深度h与含水率w的关系曲线（图9-2），查得锥入深度为2mm所对应的含水率即为该土样的塑限w_p。

（4）精度和允许差：本试验应进行两次平行测定，其允许差值为：高液限不大于2%，低液限不大于1%，若不满足要求，则重新试验。取其算术平均值，保留至小数点后一位。

（5）将结果填入试验记录表（表9-1）中。

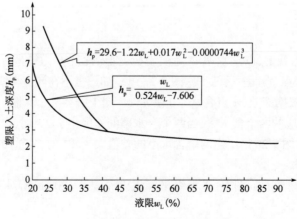

图9-3　h_p-w_L关系曲线

液限、塑限联合试验记录　　　　　　　　　　　　　表 9-1

工程名称：					
委托单位			委托书编号		
施工部位			报告编号		
取样地点			试验日期		
试验规程			土样描述		
试验项目 ＼ 试验次数		1		2	3
入土深度（mm）	h_1				
	h_2				
	$(h_1+h_2)/2$				
含水率（%）	盒号				
	盒质量(g)				
	盒+湿土质量(g)				
	盒+干土质量(g)				
	水质量(g)				
	干土质量(g)				
	含水率(%)				
	平均含水率(%)				

h-w关系图

（纵轴）锥入深度 h(mm)　（横轴）含水率 w(%)

液限 w_L =

塑限 w_p =

塑性指数 I_p =

审核：　　　　计算：　　　　试验：

六、确定细粒土名称

(1) 当细粒土位于塑性图(图 9-4)A 线或 A 线以上时,按下列规定定名:

在 B 线或 B 线以右,称高液限黏土,记为 CH;

在 B 线以左, I_p =7 线以上,称低液限黏土,记为 CL。

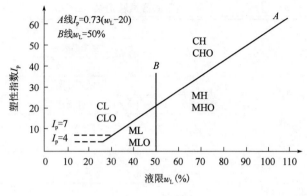

图 9-4　塑性图

注:1. 低液限 $w_L < 50\%$,高液限 $w_L \geqslant 50\%$ 。

　2. CL-低液限黏土;CLO-有机质低液限黏土;ML-低液限粉土;MLO-有机质低液限粉
土;CH-高液限黏土;CHO-有机质高液限黏土;MH-高液限粉土;MHO-有机质高液限
粉土。

(2)当细粒土位于塑性图 A 线下时,按下列规定定名:

在 B 线或 B 线以右,称高液限粉土,记为 MH;

在 B 线以左,$I_p = 4$ 线以下,称低液限粉土,记为 ML。

(3)黏土-粉土过渡区(CL-ML)的土可以按相邻土层的类别考虑细分。

七、注意事项

(1)教学试验中测定液塑限,均采用 100g 锥测定方法。

(2)液塑限联合测定时,试样制备好坏对试验精度影响极大。制备试样应均匀、密实。一般制备三个试样。一个要求含水率接近液限(入土深度为 20mm ± 0.2mm),一个要求含水率接近塑限,一个居中。否则不容易控制曲线走向。对精度最有影响的是靠近塑限的那个试样。可先将试样充分搓揉,再将土样紧密地压入盛土杯中,刮平,待测。当含水率等于塑限时,对控制曲线走向最有利。但此时土样很难制备。必须充分搓揉,使土的断面上无孔隙存在。为便于操作,此时含水量可略放宽,以入土深度不大于 4~5mm 为限。

实训项目10

比重试验

比重瓶法（T 0112—1993）

一、目的和适用范围

土粒比重是指土颗粒质量与同体积4℃蒸馏水质量之比。

土粒比重是土的基本物理性指标之一，是计算孔隙比、饱和度等的重要依据，也是评价土类的主要指标。

本试验法适用于粒径小于5mm的土。

二、基本原理

土粒在105～110℃下烘至恒重时的质量，可用天平直接测得，相应的固体部分土粒的体积是用比重瓶排开与土粒同体积的那部分蒸馏水的方法来测得。由于4℃时蒸馏水的密度等于1，故土粒比重的表达式为：

$$G_s = \frac{\text{固体颗粒的质量}}{\text{同体积4℃纯水质量}} = \frac{m_s}{V_s \rho_w} = \frac{m_s}{V_s}$$

$$= \rho_s（\text{数值上近似}）$$

ρ_s 称为土粒密度，是干土粒的质量 m_s 与其体积 V_s 之比。

三、仪器设备

（1）比重瓶：容量100（或50）mL（图10-1）。

（2）天平：称量200g，感量0.001g。

（3）恒温水槽：灵敏度±1℃。

（4）砂浴。

（5）真空抽气设备。

图10-1　比重瓶图示

(6)温度计:刻度为 0~50℃,分度值为 0.5℃。

(7)其他:烘箱、蒸馏水、中性液体(如煤油)、孔径 2mm 及 5mm 筛、漏斗、滴管等。

四、试验步骤

(1)将比重瓶用蒸馏水洗净、烘干,称其质量,准确至 0.001g,即质量 m_1。

(2)取 15g 烘干土用小漏斗装入 100mL 比重瓶内,(50mL 比重瓶加干土约 12g),称量(瓶+干土)质量,即 m_2。

(3)为排除土中空气,将已装有干土的比重瓶,注蒸馏水至瓶的一半处,摇动比重瓶,土样浸泡 20h 以上,再将瓶在砂浴中煮沸。煮沸时间自悬液沸腾时算起,砂及低液限黏土应不少于 30min,高液限黏土应不少于 1h,使土粒分散。注意沸腾后调节砂浴温度,不使土液溢出瓶外。待土样中空气完全排除后,将比重瓶取下冷却。

(4)将蒸馏水注入经砂浴后的比重瓶。如系短颈比重瓶,将纯水注满,使多余水分自瓶塞毛细管中溢出,将瓶外水分擦干后,称瓶、水、土总质量;如系长颈比重瓶,用滴管调整液面恰至刻度(以弯液面下缘为准),擦干瓶外及瓶内壁刻度以上部分的水,称量(瓶+水+土)质量,即 m_3;称量后立即测出瓶内水的温度,准确至 0.5℃。

(5)根据测得的温度,从曲线上查得瓶水总质量。若比重瓶体积事先未经温度校正,则立即倾去悬液,洗净比重瓶,注入事先煮沸过且与试验时同温度的蒸馏水至同一体积刻度处,调整液面,擦干瓶外水分,称量(瓶+满水)总质量,即 m_4。

如系砂土,煮沸时砂粒易跳出,可用真空抽气法代替煮沸法排除土中空气。

对含有某一定量的可溶盐、不亲性胶体或有机质的土,必须用中性液体(如煤油)测定,并用真空抽气法排除土中气体。真空压力表读数宜为 100kPa,抽气时间 1~2h(直至悬液内无气泡为止),其余步骤同上。

本试验称量应准确至 0.001g。

五、结果整理

(1)用蒸馏水测定时,按下式计算比重:

$$G_s = \frac{m_2 - m_1}{m_4 + (m_2 - m_1) - m_3} \times G_{wt} \tag{10-1}$$

式中:G_s——土粒比重,计算到 0.001;

m_1——比重瓶质量(g);

m_2——瓶、干土总质量(g);

m_3——瓶、水、土总质量(g);

m_4——瓶、水总质量(g);

G_{wt}——t℃时蒸馏水的比重(表 10-1),准确至 0.001。

（2）用中性液体测定时，按下式计算比重：

$$G_s = \frac{m_2' - m_1}{m_4' + (m_2' - m_1) - m_3'} \times G_{kt}' \quad (10\text{-}2)$$

式中：G_{kt}'——t℃时中性液体比重（应实测），准确至 0.001。

m'——中性液体；

其他符号意义同前。

（3）精度和允许差：本试验必须进行二次平行测定，取其算术平均值，以两位小数表示，其平行差值不得大于 0.02。

（4）将试验数据及成果填入记录表（表 10-2）中。

六、比重瓶校正

（1）将比重瓶洗净、烘干，称其质量，准确至 0.001g。

（2）将煮沸后冷却的纯水注入比重瓶。长颈比重瓶注水至刻度处；短颈比重瓶，将纯水注满，塞紧瓶塞，多余水分自瓶塞毛细管中溢出。调节恒温水槽至 5℃或 10℃，将比重瓶放入恒温水槽内，直至瓶内水温稳定。取出比重瓶，擦干外壁，称取瓶、水总质量，准确至 0.001g。

（3）以 5℃级差，调节恒温水槽水温，逐级测定不同温度下比重瓶、水总质量，至达到本地区最高自然气温为止。每个温度均应进行两次平行测定，两次测定的差值不得大于 0.002g，取两次测值的平均值。绘制温度与瓶、水总质量关系曲线。

温度与水的比重参照简表 表 10-1

T（℃）	蒸馏水比重	取四位数后四舍五入
25	0.997074	0.9971
24	0.99733	0.9973
23	0.99756	0.9976
22	0.99779	0.9978
21	0.99802	0.9980
20	0.99822	0.9982
19	0.99843	0.9984
18	0.99862	0.9986
17	0.99880	0.9989
16	0.99897	0.9990
15	0.999127	0.9991
10	0.999728	0.9997
5	0.999992	1.0000

比重试验记录（比重瓶法）   表 10-2

工程名称_____   试验者_____

土样编号_____   计算者_____

土样说明_____   试验日期_____

试验编号	比重瓶号	温度（℃）	液体比重	比重瓶质量（g）	瓶、干土总质量（g）	干土质量（g）	瓶、水总质量（g）	瓶、水、土总质量（g）	与干土同体积的液体质量（g）	比重	平均比重值	备注
		①	②	③	④	⑤	⑥	⑦	⑧	⑨		
						④－③			⑤＋⑥－⑦	(⑤/⑧)×②		

击 实 试 验

T 0131—2019

一、目的和适用范围

用标准击实试验方法,在一定夯击功能下测定土的含水率与干密度的关系,从而确定土的最佳含水率与相应的最大干密度,借以了解土的压实性能,作为工地土基压实控制的依据。

本试验分轻型击实和重型击实。应根据工程要求和试样最大粒径按表11-1选用击实试验方法。

当粒径大于40mm的颗粒含量＞5%且≤30%时,应对试验结果进行校正。粒径大于40mm的颗粒含量＞30%时,按《公路土工试验规程》(JTG 3430—2020)T 0133—2019试验进行。

二、基本原理

击实试验是用击实筒锤击土样,使其密度增大到最佳程度的一种方法。土在同一击实效果下,因含水率不同,其密度也不同。在标准击实条件下,使土达到最大密度时的含水率为最佳含水率,相应的干重度即最佳干重度。

试验原理是根据土的三相之间的体积在锤击作用下发生变化,以求最大干重度和相应含水率为最佳界限值,当超过这个界限以后,干重度随含水率的增加而降低。

三、仪器设备

(1)标准击实仪。轻、重型试验方法和设备的主要参数应符合表11-1规定(图11-1)。

击实试验方法种类   表11-1

试验方法	类别	锤底直径 (cm)	锤质量 (kg)	落高 (cm)	试筒尺寸 内径 (cm)	试筒尺寸 高 (cm)	试样尺寸 高度 (cm)	试样尺寸 体积 (cm³)	层数	每层击数	击实功 (kJ/m³)	最大粒径 (mm)
轻型	Ⅰ-1	5	2.5	30	10	12.7	12.7	997	3	27	598.2	20
	Ⅰ-2	5	2.5	30	15.2	17	12	2177	3	59	598.2	40

续上表

试验方法	类别	锤底直径（cm）	锤质量（kg）	落高（cm）	试筒尺寸		试样尺寸		层数	每层击数	击实功（kJ/m³）	最大粒径（mm）
					内径（cm）	高（cm）	高度（cm）	体积（cm³）				
重型	Ⅱ-1	5	4.5	45	10	12.7	12.7	997	5	27	2687.0	20
	Ⅱ-2	5	4.5	45	15.2	17	12	2177	3	98	2677.2	40

图 11-1　手动式击实仪器

（2）烘箱及干燥器。

（3）电子天平：称量 2kg，感量 0.01g；称量 10kg，感量 1g。

（4）圆孔筛：孔径 40mm、20mm 和 5mm 各 1 个。

（5）拌和工具：400mm×600mm、深 70mm 的金属盘、土铲。

（6）其他：喷水设备、碾土器、盛土盘、量筒、推土器、铝盒、修土刀、平直尺等。

四、试样

本试验可分别采用不同的方法准备试样。各方法可按表 11-2 准备试料。击实试验后的试料不宜重复使用。

试料用量　　　　　　　　　　　　　　表 11-2

使用方法	试筒内径（cm）	最大粒径（mm）	试料用量
干土法	10	20	至少 5 个试样，每个 3kg
	15.2	40	至少 5 个试样，每个 6kg
湿土法	10	20	至少 5 个试样，每个 3kg
	15.2	40	至少 5 个试样，每个 6kg

1. 干土法

根据试验所需土样数量，碾散过筛。

测定风干土样的含水率，过 40mm 筛后，按四分法至少准备 5 个试样，将试样搓散，分别加入不同水分（按 1%~3% 含水率递增），洒水、拌和，拌匀后闷料一夜备用。按下式计算所加水量：

$$m_w = \frac{m_i}{1 + 0.01w_i} \times 0.01(w - w_i) \tag{11-1}$$

式中：m_w——所需的加水量（g）；

m_i——含水率 w_i 时土样的质量(g);

w_i——土样原有含水率(%);

w——要求达到的含水率(%)。

2. 湿土法

对于高含水率土,可省略过筛步骤,用手拣除大于40mm的粗石子即可。保持天然含水率的第一个土样,可立即用于击实试验。其余几个试样,将土分成小土块,分别风干,使含水率按2%~4%递减。

五、试验步骤

(1)根据土的性质和工程要求,按表11-1规定选择轻型或重型试验方法,选用干土法或湿土法。

(2)将击实筒放在坚硬的地面上,在筒壁上抹一薄层凡士林,并在筒底(小试筒)垫块(大试筒)上放置蜡纸或塑料薄膜。取制备好的土样分3~5次倒入筒内。

小试筒:

三层法,每次约800~900g(其量应使每层击实后的试样等于或略高于筒高的1/3);

五层法,每次约400~500g(其量应使每层击实后的试样等于或略高于筒高的1/5);

大试筒:先将垫块放入筒内底板上,按三层法,每层需试样1700g左右。

按上述方法装入试样,整平表面,并稍加压紧,然后按规定的击数进行第一层土的击实,击实时击锤应自由垂直落下,锤迹必须均匀分布于土样面,第一层击实完后,将试样层面"拉毛",然后再装入套筒,重复上述方法进行其余各层土的击实。

小试筒击实后,试样不应高出筒顶面5mm;大试筒击实后,试样不应高出筒顶面6mm。

(3)修土刀沿套筒内壁削刮,使试样与套筒脱离后,扭动并取下套筒,齐筒顶细心削平试样,拆除底板,擦净筒外壁,并检查筒口,如有未击实的小孔,则须填补、修平,以达到击实筒的标准体积。称量(筒+土)质量,准确至1g。

(4)用推土器推出筒内试样,从试样中心处取样测其含水率,计算至0.1%。测定含水率用试样的数量按表11-3规定取样(取出有代表性的土样)。两个试样含水率的精度应符合"含水率测定的允许平行差值"规定。

表11-3

测定含水率用试样的数量

最大粒径(mm)	试样质量(g)	个数
<5	约100	2
约5	约200	1
约20	约400	1
约40	约800	1

六、结果整理

(1)按下式计算土的干密度:

$$\rho_d = \frac{\rho}{1 + 0.01w} \tag{11-2}$$

式中:ρ_d——干密度(g/cm^3),计算至 $0.01g/cm^3$;

ρ——湿密度(g/cm^3),计算至 $0.01g/cm^3$;

w——含水率(%)。

(2)以干密度为纵坐标,含水率为横坐标,绘制干密度与含水率的关系曲线,曲线上峰值点的纵、横坐标分别为最大干密度和最佳含水率。如曲线不能绘出明显的峰值点,应进行补点或重做。

(3)当试样中有大于 40mm 颗粒时,应先取出大于 40mm 颗粒,并求得其百分率 P,用小于 40mm 部分作击实试验,按下面公式分别对试验所得的最大干密度和最佳含水率进行校正(适用于大于 40mm 颗粒的含量小于 30% 时)。

最大干密度按下式校正:

$$\rho'_{dm} = \frac{1}{\dfrac{1 - 0.01P}{\rho_{dm}} + \dfrac{0.01P}{\rho_w G'_s}} \tag{11-3}$$

式中:ρ'_{dm}——校正后的最大干密度(g/cm^3),计算至 $0.01g/cm^3$;

ρ_{dm}——用粒径小于 40mm 的土样试验所得的最大干密度(g/cm^3);

P——试料中粒径大于 40mm 颗粒的百分数(%);

ρ_w——水在 4℃ 时的密度(g/cm^3);

G'_s——粒径大于 40mm 颗粒的毛体积比重,计算至 0.01。

最佳含水率按下式校正:

$$w'_0 = w_0(1 - 0.01P) + 0.01P w_2 \tag{11-4}$$

式中:w'_0——校正后的最佳含水率(%),计算至 0.1%;

w_0——用粒径小于 40mm 的土样试验所得的最佳含水率(%);

P——试样中粒径大于 40mm 颗粒的百分数(%);

w_2——粒径大于 40mm 颗粒的吸水量(%)。

(4)精度和允许差。

最大干密度精确至 $0.01g/cm^3$;最佳含水率精确至 0.1%。

本试验含水率须进行两次平行测定,取其算术平均值,允许平行差值应符合表11-4规定。

含水率测定的允许平行差值 表11-4

含水率 w(%)	允许平行差值(%)	含水率 w(%)	允许平行差值(%)
$w \le 5.0$	≤ 0.3	$w > 40.0$	≤ 2.0
$5.0 < w \le 40.0$	≤ 1.0		

(5)将试验数据及成果记录于表 11-5 中。

七、注意事项

根据工程具体要求,按击实试验方法种类中规定选择轻型或重型试验方法,根据土的性质按表11-2规定选用干土法或湿土法,对于高含水率土宜选用湿土法。

标准击实试验记录表　　　　　　　　　　　　　　表 11-5

工程名称				施工单位		
取样地点				合同段号		
试验规程				报告编号		
土样类别				试验日期		
击实筒号		击实筒容积(cm³):2177		击锤质量(g):	落距(cm):45	
每层击实数		土中最大颗粒直径(mm):		大于5mm颗粒含量(%):		

	试验次数	1	2	3	4	5
湿密度	筒 + 土质量(g)					
	筒质量(g)					
	湿土质量(g)					
	湿土密度(g/cm³)					
含水率	盒号					
	盒质量(g)					
	盒加湿土质量(g)					
	盒加干土质量(g)					
	水质量(g)					
	干土质量(g)					
	含水率(%)					
	平均含水率(%)					
干密度(g/cm³)						

最大干密度校核：

最佳含水率校核：

干密度与含水率关系图

纵轴：干密度(g/cm³)

横轴：含水率(%)

最大干密度(g/cm³) =

最佳含水率(%) =

校核后最大干密度(g/cm³)：　　　　　　　校核后最佳含水率(%)：

审核：　　　　　　计算：　　　　　　试验：

固 结 试 验

标准固结试验（T 0137—1993）

一、目的和适用范围

本试验的目的是测定土的单位沉降量、压缩系数、压缩模量、压缩指数、回弹指数、固结系数，以及原状土的先期固结压力等。

本试验方法适用于饱和的细粒土，当只进行压缩试验时，可用于非饱和土。

二、基本原理

土在外力作用下体积缩小的特性称为土的压缩性。压缩时假定孔隙水和土粒不可压缩，只考虑孔隙体积的变化，孔隙体积的变化可以用孔隙比的变化来反映，即压缩变形过程表现为土的孔隙比随着作用于其上的压应力增加而逐渐减小的关系。因此可在同一种土样上施加不同的荷载，得到不同的压缩量，从而计算出相应荷重时土样的孔隙比。根据荷载 P 及孔隙比 e，绘制压缩曲线，求得压缩系数、压缩模量及压缩指数。

三、仪器设备

（1）固结仪：如图 12-1 所示，试样面积 $30cm^2$ 和 $50cm^2$，高 2cm。

（2）环刀：内径为 61.8mm 和 79.8mm，高度为 20mm。

（3）透水石。

（4）变形量测设备：量程 10mm，最小分度为 0.01mm 的百分表或零级位移传感器。

（5）其他：天平、秒表、烘箱、钢丝锯、刮土刀、铝盒等。

图 12-1　固结仪

四、试样准备

（1）根据工程需要切取原状土样或制备所需湿度密度的扰动土样。切取原状土样时，应使试样在试验时的受压情况与天然土层受外荷方向一致。

（2）用钢丝锯将土样修成略大于环刀直径的土柱，用手轻轻将环刀垂直下压，边压边修，直到环刀装满土样为止。再用刮土刀修平上下两端，同时注意刮平试样时，不得用刮刀往复涂抹土样表面。要求环刀内壁与土样密合，并保持完整。若不符合要求应重新取样。在切削过程中，应细心观察试样并记录其层次、颜色和有无杂质等。

（3）测定土样密度，准确至 0.1g，并取环刀两面修下的土样测定含水率。试样需要饱和时，应进行抽气饱和。

五、试验步骤

（1）将准备好试样的环刀外壁擦净，将刀口向下放入护环内。

（2）在容器底板上放透水石、滤纸。将土样环刀和护环放入容器中，套上导环，在土样上面放置透水石，再放上传压活塞。

（3）将装好土样容器置于加压框架中，密合传压活塞及横梁，预压 1.0kPa 压力，使固结仪各部分紧密接触，装好百分表，并调整读数至零。

（4）去掉预压荷载，立即加第一级荷载。加砝码时应避免冲击和摇晃，在加砝码的同时立即开动秒表。

荷载等级一般规定为 50kPa、100kPa、200kPa、300kPa、400kPa 和 600kPa（作为教学试验，则可取前四级）。根据土的软硬程度，第一级荷载可考虑用 25kPa；如需进行高压固结，则压力可增加至 800kPa、1600kPa 和 3200kPa。最后一级的压力应大于上覆土层的计算压力 100～200kPa。

（5）如系饱和土样，则在施加第一级荷载后，立即向容器中注水至满。如系非饱和试样，须以湿棉纱围住上下透水面四周，避免水分蒸发。

（6）当需确定原状土的先期固结压力时，荷载率宜小于1，可采用 0.5 或 0.25 倍，最后一级荷载应大于1000kPa,使 e-$\lg p$ 曲线下端出现直线段。

(7)若需测定沉降速率、固结系数指标,一般按0s、15s、1min、2min、4min、6min、9min、12min、16min、20min、25min、35min、45min、60min、90min、2h、4h、10h、23h、24h,至稳定为止。固结稳定的标准是最后1h变形量不超过0.01mm。

当不需测定沉降速率时,则施加每级压力后24h,测记试样高度变化作为稳定标准。当试样渗透系数大于 10^{-5} cm/s 时,允许以主固结完成作为相对稳定标准。按此步骤逐级加压至试验结束。

注:1. 测定沉降速率仅适用于饱和土。

2. 考虑到教学试验时间限制,只读5min、10min就假定一级变形稳定。生产试验按《公路土工试验规程》(JTG 3430—2020)进行。

(8)记下稳定时的测微表读数,然后加次一级荷重,依次逐级加荷试验。

(9)试验结束后拆除仪器,小心取出完整土样,称取其质量,并测定其终结含水率(如不需测定试验后的饱和度,则不必测定终结含水率),退出环刀,去除土样,洗净环刀及透水石以备再用。

六、结果整理

(1)按下式计算试验开始时的孔隙比:

$$e_0 = \frac{\rho_s(1 + 0.01w_0)}{\rho_0} - 1 \qquad (12\text{-}1)$$

式中:e_0——试验开始时试样的孔隙比,准确至0.01;

ρ_s——土粒密度(数值上等于土粒比重)(g/cm^3);

ρ_0——试验开始时试样密度(g/cm^3),由试验测定;

w_0——试验开始时试样的含水率(%),由试验测定。

(2)按下式计算各级荷载下变形稳定后的孔隙比 e_i:

$$e_i = e_0 - \frac{(1 + e_0)\sum \Delta h_i}{h_0} \qquad (12\text{-}2)$$

式中:$\sum \Delta h_i$——某一级荷载下的总变形量(mm),等于该荷载下百分表读数(即试样和仪器的变形量减去该荷载下的仪器变形量);

h_0——土样原始高度(mm),即环刀高。

(3)绘制 e-p 曲线:

以孔隙比 e 为纵坐标,压力 p 为横坐标,绘制孔隙比与压力的关系曲线(e-p 曲线)。

(4)按下式计算某一荷载范围内的压缩系数 a_v、体积压缩系数 m_v、压缩模量 E_s:

$$a_v = \frac{e_i - e_{i+1}}{p_{i+1} - p_i} \qquad (12\text{-}3)$$

$$m_v = \frac{1}{E_s} = \frac{a_v}{1 + e_0} \qquad (12\text{-}4)$$

$$E_s = \frac{p_{i+1} - p_i}{(S_{i+1} - S_i)/1000} \times \frac{1 + e_i}{1 + e_0} \quad (12\text{-}5)$$

式中: a_v——压缩系数(kPa^{-1}), 计算至 0.01;

m_v——体积压缩系数(kPa^{-1}), 计算至 0.01;

E_s——压缩模量(kPa), 计算至 0.01;

e_i——某一荷载下压缩稳定后的孔隙比;

p_i——某一荷载值(kPa);

S_i——某一级荷载下的沉降量(mm/m), 计算至 0.1 mm/m。

(5)按下式计算压缩指数:

$$C_c = \frac{e_1 - e_2}{\lg p_2 - \lg p_1} \quad (12\text{-}6)$$

(6)将试验数据及成果填入记录表(表12-1、表12-2)中。

固结试验记录(一)　　　　　　　　　　　　　　表 12-1

土样编号＿＿＿＿＿＿＿　　　　　　　试验者＿＿＿＿＿＿＿

试验方法＿＿＿＿＿＿＿　　　　　　　校核者＿＿＿＿＿＿＿

土样说明＿＿＿＿＿＿＿　　　　　　　试验日期＿＿＿＿＿＿＿

含水率试验

盒号	盒+湿土重 (g)	盒+干土重 (g)	盒重 (g)	水重 (g)	干土重 (g)	含水率 w (%)
	①	②	③	④=①-②	⑤=②-③	⑥=(④/⑤)*100

密度试验

环刀+土重 (g)	环刀重 (g)	土质量 (g)	试样体积 (cm³)	密度 (g/cm³)
①	②	③=①-②	④	⑤=③÷④

固结试验记录(二) 表 12-2

土样编号_____ 试验者_____

试验方法_____ 校核者_____

土样说明_____ 试验日期_____

土粒密度 ρ_s = _____ g/cm^3 试样密度 ρ_0 = _____ g/cm^3 含水率 w = _____ %

试样原始高度 h_0 = _____ mm 试验前孔隙比 e_0 = _____ 试样面积 F = _____ cm^2

加荷时间 (h, min)	压力 (kPa)	百分表读数 (mm)	试样总变形量 (mm)	孔隙比	Δp (kPa)	Δe	压缩系数 (MPa^{-1})
	p		$\sum \Delta h_i$	$e_i = e_0 - \dfrac{\sum \Delta h_i}{h_0}(1+e_0)$			$a_v = \dfrac{\Delta e}{\Delta p}$
	0 (初读数)						
	25						
	50						
	100						
	200						

孔隙比 E_i

压力 p(kPa)

实训项目13

直接剪切试验

快剪试验(T 0142—2019)

一、目的和适用范围

本试验适用于测定细粒土或粒径2mm以下的砂类土的抗剪强度指标:内摩擦角 φ 和黏聚力 c。

二、基本原理

土的抗剪强度是指土体抵抗剪切破坏的极限能力,其大小就等于剪切破坏时的滑动面上的剪应力。土的抗剪强度又被称为土的强度,是土的主要力学性质之一。

直接剪切试验是测定土的抗剪强度的一种常用方法,通常采用4个试样,分别在不同的垂直压力 p(已知)下,施加水平剪切力,使土样在侧限条件下沿人为规定的剪切面(上、下盒交界面)受剪,测得试样破坏时的剪应力 τ,在直角坐标系中绘制 $\tau\text{-}p$ 曲线,在这条抗剪强度线上可得到抗剪强度参数内摩擦角 φ 和黏聚力 c。

三、仪器设备

(1)应变控制式直剪仪:由剪切盒、垂直加荷设备、剪切传动装置、测力计和位移量测系统组成,如图13-1所示。

(2)环刀:内径61.8mm,高20mm。

(3)位移量测设备:百分表或位移传感器。

(4)其他:钢丝锯或修土刀、凡士林等。

四、试验步骤

(1)切取原状土样或制备所需扰动土样,

图13-1 应变控制式直剪仪

每组试样不得少于4个,用环刀仔细切取土样,无特殊要求时,切土方向与天然土层层面垂直。并测定土的密度与含水率(本次试验不要求),要求同组试样之间的密度差值不大于

± 0.1 g/cm^3,含水率差值不大于2%。

（2）对准剪切盒的上下盒,插入固定销,在下盒内放透水石和滤纸。将带有试样的环刀,刀口向上,平口向下对准剪切盒口,在试样上覆盖滤纸和透水石,并将试样小心推入盒中。

（3）移动传动装置,使上盒前端钢珠刚好与测力计接触,依次加上传压板,加压框架,使框架传压螺钉对准传压板钢球中心。

（4）装测力计百分表,调整读数,记录初读数。

（5）根据工程实际和土的软硬程度施加各级垂直压力,然后向盒内注水,当试样为非饱和试样时,应在加压板周围包以湿棉花。

（6）加垂直压力,拔出固定销立即开动秒表,匀速转动手轮,以0.8mm/min的剪切速度进行,推动剪切盒的下盒前移,使上、下盒之间的开缝处土样产生剪应力,并定时测记测力计（即水平向）百分表读数,直至土样剪损。

注:教学试验每组至少取四个试样,分别加不同压力,一般为100kPa、200kPa、300kPa、400kPa,如其中一个试样异常,则应补做一个试样［生产试验按《公路土工试验规程》(JTG 3430—2020)进行］。

（7）终止试验标准:

①当量力环百分表读数不变或后退时,继续剪切位移至4mm时停止,记下破坏值;

②当剪切过程中测力计百分表无峰值时,剪切至剪切位移达6mm时停止,记下破坏值。

（8）剪切结束,吸掉盒内积水,退去剪切力（快速旋退推进杆）、垂直压力（卸除砝码）,移动加压框架,取出试样,测定其含水率。

（9）将仪器擦洗干净,并在上、下盒接触面上涂一层凡士林,以供再用。

五、结果整理

（1）抗剪强度按下式计算:

$$\tau_f = CR \tag{13-1}$$

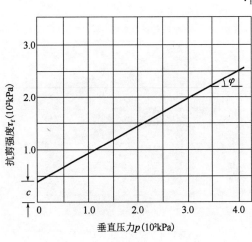

图13-2　抗剪强度与垂直压力的关系曲线

式中:τ_f——抗剪强度（kPa）;

C——测力计校正（量力环）系数（kPa/0.01mm）;

R——百分表读数（0.01mm）,初读数与终读数之差值。

（2）绘制抗剪强度与垂直压力关系曲线:

以垂直压力p为横坐标,抗剪强度τ_f为纵坐标,将每一试样的最大抗剪强度点绘在坐标纸上,并连成一直线,此直线的倾角为内摩擦角φ,纵坐标上的截距为黏聚力c,如图13-2所示。

（3）完成表格填写（表13-1、表13-2）。

六、注意事项

(1)在剪切开始前,检查上、下盒的固定销是否拔掉。

(2)快剪试验、固结快剪试验的剪切速度为 0.8mm/min,要求在 3~5min 内剪损。慢剪试验剪切速度小于 0.02mm/min。试验时注意控制剪切速度。

直接剪切试验记录一 表 13-1

土样编号_____ 试验者_____

试验方法_____ 校核者_____

土样说明_____ 试验日期_____

仪器编号	①	①						
量力环号码	②	②						
垂直压力 p(kPa)	③	③						
量力环初读数(0.01mm)	④	④						
量力环终读数(0.01mm)	⑤	⑤						
量力环读数差 R(0.01mm)	⑥	⑤－④						
量力环系数 C(kPa/0.01mm)	⑦	⑦						
抗剪强度 τ_f(kPa)	⑧	⑥×⑦						
备注								

黏聚力 $c =$ _____(kPa)

内摩擦角 $\varphi =$ _____(°)

抗剪强度 τ_f (kPa)

垂直压力 p(kPa)

直接剪切试验记录二

表 13-2

| 测力计校正系数:$C =$ （kPa/0.01mm） | | | | 手轮转速： （r/min） | | | |

垂直压力:$p =$ kPa				垂直压力:$p =$ kPa			
时间	手轮转数 n ①	测力计读数 R （0.01mm） ②	剪切位移 ΔL （0.01mm） ③ = ① × 20 – ②	剪应力 （kPa） ④ = ② × C	时间	手轮转数 n ①	测力计读数 R （0.01mm） ②	剪切位移 ΔL （0.01mm） ③ = ① × 20 – ②	剪应力 （kPa） ④ = ② × C
	1					1			
	2					2			
	3					3			
	4					4			
	5					5			
	6					6			
	7					7			
	8					8			
	9					9			
	10					10			
	11					11			
	12					12			
	13					13			
	14					14			
	15					15			
	16					16			
	17					17			
	18					18			
	19					19			
	20					20			
	21					21			
	22					22			
	23					23			
	24					24			
	25					25			
	26					26			
	27					27			
	28					28			
	29					29			
	30					30			
	31					31			
	32					32			

参 考 文 献

[1] 罗筠.工程岩土[M].3版.北京:人民交通出版社股份有限公司,2021.

[2] 张丽萍.工程地质[M].北京:人民交通出版社股份有限公司,2021.

[3] 中华人民共和国交通运输部.公路工程土工试验规程:JTG 3430—2020[S].北京:人民交通出版社股份有限公司,2020.